Bibliografische Information der Deutschen Nationalbibliothek:

Die Deutsche Bibliothek verzeichnet diese Publikation in der Deutschen Nationalbibliografie; detaillierte bibliografische Daten sind im Internet über http://dnb.d-nb.de/ abrufbar.

Impressum:

Druck und Bindung: Books on Demand GmbH, Norderstedt Germany
ISBN: 9783346017048

Dieses Buch bei GRIN:

https://www.grin.com/document/497306

Laura Gomboc

Slow Food und die wachsende Bedeutung der Herkunft von Lebensmitteln

Der Slow Food-Trend als Ausprägung der Wirtschaftsgeographie

GRIN Verlag

Pädagogische Hochschule Oberösterreich

Slow Food – die wachsende Bedeutung der Herkunft von Lebensmitteln

Der Slow Food-Trend als Ausprägung der Wirtschaftsgeographie

Laura Gomboc

Abstract

Diese Seminararbeit zum Thema „Slow Food – die wachsende Bedeutung zur Herkunft von Lebensmitteln“ behandelt die Slow Food-Bewegung aus Ausprägung der Wirtschaftsgeographie. Mit der Wirtschaftsgeographie habe ich mich im Rahmen einer Lehrveranstaltung bereits näher beschäftigt. Nach intensiver Recherche und Auseinandersetzung mit dem Thema sowie der Abhaltung einer teils interaktiven Präsentation in der Seminargruppe, habe ich großes Interesse für den Teilbereich der Konsumgeographie entwickelt. Besonders spannend war für mich das Thema Slow Food, da auch mein Studien-Zweitfach Ernährung und Haushalt in dieser Thematik Anwendung findet und ich auch mein privates Konsumverhalten als zumindest teilweise dem Slow Food-Trend folgend einstufe.

Diese Seminararbeit beleuchtet das Phänomen Slow Food aus der wirtschaftsgeographischen Perspektive, wobei auch andere spannende Aspekte wie der wirtschaftsethische Hintergrund sowie konkrete Anwendungsbeispiele angesprochen werden.

Die Arbeit wurde als reine Literaturarbeit verfasst, da ein empirischer Teil den von der Hochschule erwarteten Umfang der Seminararbeit übersteigen würde.

Inhalt

1. Einleitung

Die Slow Food Bewegung ist ein die Nahrungsmittelindustrie und den Lebensmittelkonsum betreffendes Phänomen, das sich in den letzten Jahrzehnten ausgehend von Italien in den westlichen Ländern verbreitet hat. Als überzeugte Gegenbewegung zur Globalisierung vertritt die Slow Food Bewegung die drei Grundwerte Good, Clean und Fair, und ihre Anhänger legen einen großen Wert auf Achtsamkeit, Genuss, Regionalität und Nachhaltigkeit, wenn es um ihre Auswahl von Nahrungsmitteln geht. Die Wichtigkeit der Regionalität implementiert in diesem Fall eine besondere Bedeutung der geographischen Herkunft von Lebensmitteln.

Da die Slow Food Bewegung eine moderne Ausprägung der Konsumgeographie und somit der Wirtschaftsgeographie ist, ist eine historische Analyse der Wissenschaftlich von Raum und Wirtschaft von Vorteil, um den Slow Food Trend besser verstehen zu können. Während einst nur der Raum und seine Geofaktoren beachtet wurden, gewann später auch die Wirtschaft an Bedeutung, die natürlicherweise in wechselseitiger Verbindung mit dem Raum, in dem sie stattfindet. Später erkannte man die Untrennbarkeit von wirtschaftlichen und sozialen Faktoren, weswegen inzwischen auch die menschlichen Handlungen mit dem Raum und der Wirtschaft in Verbindung gesetzt werden – was sich am Beispiel Slow Food sehr gut beobachten lässt. Der geographische Ort der Produktion, des Erwerbs und des anschließenden Konsums wird nicht willkürlich gewählt, sondern unterliegt wirtschaftlichen und gesellschaftlichen Faktoren, die von den Produzenten und Konsumenten mehr oder weniger bewusst beachtet werden.

Eine ausführliche Betrachtung des Slow Food-Trends, unter Berücksichtigung der historischen Entwicklung der Wirtschaftsgeographie, ermöglicht es zu verstehen, warum Slow Food in der heutigen Zeit funktionieren kann und viele Anhänger finden kann und warum dies vor einigen Jahrzehnten vermutlich nicht so gewesen wäre.

2. Wirtschaftsgeographischer Hintergrund

Da die Grundsätze der Slow Food Bewegung einen konsumgeographischen Hintergrund aufweisen und die Konsumgeographie ein wichtiger Teilbereich der Wirtschaftsgeographie ist, ist eine Beschäftigung mit der Wirtschaftsgeographie im Allgemeinen von zentraler Bedeutung, um den Slow Food Trend verstehen und sinnvoll analysieren zu können.

Die Wirtschaftsgeographie lässt sich in mehrere Teilbereiche untergliedern. Grundsätzlich beschäftigt sie sich mit der räumlichen Ordnung und Organisation der Wirtschaft. Jedes wirtschaftliche Handeln findet in einem räumlichen Kontext statt – sowohl die Produktions- als auch die Konsumationsseite des wirtschaftlichen Handelns haben einen Raumbezug. Zu erwähnen gilt auch, dass die Wirtschaft und der Raum in einem wechselseitigen Verhältnis zueinanderstehen – was bedeutet, dass sie sich gegenseitig beeinflussen und somit einander formen. Die Wirtschaft prägt den Raum, doch der Raum prägt auch die Wirtschaft. Dies lässt sich auf alle Wirtschaftssektoren und alle wirtschaftlichen Prozesse übertragen. Diese Zusammenhänge werden von der Wirtschaftsgeographie thematisiert und in ihren Ursachen und Auswirkungen im Allgemeinen oder auf konkrete Beispiele bezogen analysiert.

Das Ziel der theoriegeleiteten Wirtschaftsgeographie ist das Erkennen von Gesetzmäßigkeiten innerhalb von Wirtschaftsräumen. Die dazu untersuchten Objekte sind die räumlichen Strukturen sowie deren Beziehungen zueinander innerhalb des Wirtschaftsraums. Dadurch werden die räumlichen Verbreitungs- und Verknüpfungsmuster als Ergebnis ökonomischer Aktivitäten des Menschen verdeutlicht (Haas, o.J.).

Aufgrund dieser Definition der Wirtschaftsgeographie lässt sich eine klare Legitimation der Slow Food Bewegung als Ausdruck der Wirtschaftsgeographie erkennen. Sowohl die Produktion als auch die Konsumation von Nahrungsmitteln unterliegt einem geographischen Bezug. Der vorliegende Raum, mit seinen gegebenen Voraussetzungen, beeinflusst die dort produzierten und konsumierten Nahrungsmittel und diese können wiederum den jeweiligen Raum beeinflussen. Der Raum prägt die Wirtschaft in diesem expliziten Beispiel insofern, dass besonders die naturräumlichen Gegebenheiten die landwirtschaftliche Nahrungsproduktion einer Region beeinflussen. Umgekehrt sorgt eine höhere Nachfrage an regionalen Produkten auch für eine höhere Produktion von diesen, woran der Raum mit entsprechenden Produktionsplätzen angepasst wird.

2.1 Die erste Transition

Ursprünglich wurde die Geographie in allen ihren Teilbereichen als Länderkunde gehandhabt, die auf der reinen Beschreibung der naturräumlichen Gegebenheiten basierte und keine weitere Reflexion sowie keine Implementierung von sich in diesen Räumen zutragenden Prozessen ermöglichte. Die erste Transition stellte jedoch einen Paradigmenwechsel in der Geographie dar, der sich auch auf die Wirtschaftsgeographie auswirkte, beziehungsweise den Forschungsgegenstand „Wirtschaftsraum" erst legitimierte. Vor der ersten Transition wurde die jetzige Wirtschaftsgeographie als Geofaktorenlehre bezeichnet und befasste sich mit Wirtschaftslandschaft und Wirtschaftsinformation getrennt, bevor diese Bereiche im Sinne des Wirtschaftsraumes als Forschungsgegenstand vereint wurden. Die wirtschaftlichen Aspekte wurden in der sogenannten Raumwirtschaftslehre behandelt, in der Geographie und Wirtschaft vereint wurden (Bathelt & Glückler, 2002).

Zusammengefasst beschreibt die erste Transition einen Übergang von der reinen Länderkunde zum Paradigma der Raumwissenschaft, indem die reine Geographie um wirtschaftliche Aspekte erweitert wurde. Diese erste Transition war der erste von zwei Schritten der Verwandlung der ursprünglichen Geographie in die multidisziplinäre und multiparadigmatische Geographie mit ihren Teilbereichen wie der Wirtschaftsgeographie, wie wir sie heute kennen.

2.2 Die zweite Transition

Nachdem die erste Transition bereits einen Wandel in der Geographie gebracht hat und die reine Länderkunde um die Raumwissenschaft erweitert hat, entwickelte sich die Wissenschaft wiederum weiter, und die sozialen Aspekte bekamen immer mehr Rücksicht, was auch besonders die Wirtschaftsgeographie betrifft. Seit den 1990er Jahren prägt eine zentrale Debatte die Entwicklung der Wirtschaftsgeographie. Die neue Bezeichnung „geographical economics" verdeutlicht, dass keine klare Trennung von ökonomischen und sozialen Aspekten und dem Raum vorgenommen werden kann. Diese Erkenntnis führte zu einem weiteren Perspektivenwechsel, der als zweite Transition bezeichnet wird. Die zweite Transition beschreibt das Übergehen von einem inzwischen wieder als veraltet angesehenen Paradigma in ein neues. Die zentralen Veränderungen im neuen Paradigma sind die stärkere Betonung der Handlungen und der Menschen innerhalb der Geographie. Während die erste

Transition die reine Geographie mit der Wirtschaft ergänzt hat, führte die zweite Transition auch noch soziale Aspekte ein. Die Geographie wird seitdem als handlungszentriert und akteursbezogen bezeichnet, da klar wurde, dass keine Trennung von räumlichen, wirtschaftlichen und sozialen Aspekten vorgenommen werden kann. Bei diversen Forschungsfragen und Betrachtungen des Raumes steht der Mensch im Mittelpunkt und die menschlichen Handlungen im Raum sowie deren Auswirkungen werden beleuchtet. So kann auch die Wirtschaft seither unter einer neuen Perspektive betrachtet werden: sie ist nicht nur von der Länderkunde, sondern auch von den sozialen und gesellschaftlichen Dimensionen abhängig. Aus der Raumwirtschaftslehre wird dadurch die relationale Wirtschaftsgeographie, die sich letztendlich mit der Erforschung des wirtschaftlichen Raumes unter Einbeziehung des menschlichen Handelns befasst (Bathelt & Glückler, 2002).

3. Konsumgeographie

Die Konsumgeographie stellt einen relativ neuen Teilbereich der Humangeographie dar, der eine Emergenz aus den Aspekten Raum, Wirtschaft und Mensch darstellt, da diese beim Konsum alle in einer wechselseitigen Beziehung stehen. Somit lässt sich die Konsumgeographie der relationalen Wirtschaftsgeographie zuordnen, die nach der zweiten Transition entstanden ist.

3.1 Konsum und Gesellschaft

Dem Wort „Konsum" können unterschiedliche Bedeutungen und Definitionen zuteilwerden. Die folgenden Synonyme und Bedeutungen erklären Konsum auf unterschiedlichen Ebenen (Ermann, 2013, S. 201):

- Konsum als technisch verstandene Versorgung
- Konsum als Mittel zur Bedürfnisbefriedigung
- Konsum als simpler Akt des Kaufens, Verbrauchens oder des Wertverzehrs
- Konsum als makroökonomische Nachfrage
- Konsum als grundlegende paradigmatische Ausrichtung einer kapitalistisch-marktwirtschaftlichen Konsumgesellschaft
- Konsum als Basis der Konsumkultur, in der immer mehr Lebensbereiche neu ausgerichtet werden, sodass sie kommerziell, käuflich und konsumierbar werden
- Konsum als politischer Akt der Meinungsäußerung

Welche Bedeutung den Konsum am passendsten beschreibt, ist vermutlich sehr situationsbedingt und vom jeweiligen Kontext abhängig – jede Definition hat jedoch ihre Berechtigung – auch in der sozialwissenschaftlichen sowie sozialgeographischen Betrachtung.

Das anhand dieser Ausarbeitung zu beleuchtende Phänomen „Slow Food" vereint Aspekte der Bedürfnisbefriedigung, der makroökonomischen Nachfrage und die politische Meinungsäußerung mittels Konsum besonders stark. Da jedoch im Sinne der Slow Food-Bewegung viele Nahrungsmittel selber produziert werden, anstatt sie käuflich zu erwerben, wird der klassische Konsum als Akt des Kaufens gewissermaßen zurückgestellt. Außerdem erkennt sich die Slow Food-Bewegung als determinierte Gegenbewegung zur Globalisierung und zum Konsum von Produkten, die der Industrialisierung entsprungen sind.

Die Konsumentin oder der Konsument ist als die Personifizierung der Nachfrageseite auf dem ökonomischen Markt zu betrachten, was ihm eine große Macht und Verantwortung zuschreibt. Jede Konsumentscheidung ist somit nicht nur eine Entscheidung, die sich auf das persönliche Leben auswirkt, sondern setzt auch ein politisches Zeichen und beeinflusst die wirtschaftliche Situation. Auch beim Thema Slow Food ist dies nicht zu missachten – je mehr Menschen ihr Interesse an der Slow Food Bewegung entdecken und ihre Konsumentscheidungen dahingehend gestalten, das heißt mehr regionale Erzeugnisse zu konsumieren, desto stärker werden sich auch die Produzenten mit diesem Gedankengut auseinandersetzen. Es lässt sich somit sagen, dass im Moment gleichzeitig neben dem Trend der Globalisierung auch ein Trend zur bewussten Deglobalisierung in der Wirtschaft erkennen lässt. Die weiteren Veränderungen und Verläufe sind von den Konsumentinnen und Konsumenten selbst abhängig.

3.1.2 Moralischer Konsum

Es stellt sich nun die Frage, wie es möglich ist, dass sich diese beiden Prozesse zur selben Zeit parallel ereignen. Besonders interessant ist in diesem Zusammenhang auch die Beschäftigung mit dem moralischen Konsum, der aufgrund von Aspekten der Nachhaltigkeit in den letzten Jahren stärker in Diskussion geraten ist. Moralischer Konsum hat laut Cook (1998, zitiert nach Ermann, 2013, S.200) eine biographische und eine geographische Komponente. Die beiden Hauptfragen, die sich ein moralischer Konsument demnach beim Erwerb und Gebrauch einer Ware stellen sollte, sind „Wo" diejenige Ware herkommt sowie

„wie" sie „von wem" und „unter welchen Bedingungen" produziert wurde. Neben der Textilindustrie, die in den vergangenen Jahren aufgrund von menschenrechtlich und gesundheitlich bedenklichen Produktionsbedingungen angekreidet wurde, begannen auch die Diskussionen über die Herstellung von Nahrungsmitteln stärker diskutiert zu werden. In Bezug auf die in den Supermärkten angebotenen Waren werden die Fragen wo, wie, von wem und unter welchen Bedingungen sie produziert wurden, von immer mehr Menschen gestellt.

- Wo werden die Nahrungsmittel produziert? Diese Frage klärt den geographischen Aspekt des moralischen Konsums, der neben den philosophischen Werten sehr bedeutsam ist. Hierbei stellt sich die Frage der Herkunft der Produkte, wobei besonders die Regionalität und Saisonalität der Ware von den Konsumentinnen und Konsumenten geschätzt wird. Einerseits hat es sich in den vergangenen, stark von der Globalisierung geprägten Jahrzehnten zu einem bereichernden Privileg entwickelt, dass auch in Österreich das ganze Jahr über Erdbeeren erworben werden können. Andererseits führte diese Entwicklung auch dazu, dass sich viele Konsumentinnen und Konsumenten Gedanken über die langen Transportwege sowie den sich negativ auf den Geschmack auswirkenden geringeren Reifegrad der Früchte machen und sie die Erdbeeren daher lieber nur in der Zeit kaufen, in der sie in der Heimat Saison haben und regional angeboten werden können. Dies gilt nicht nur für Erdbeeren, denn so es sich bei vielen anderen Obst- und Gemüsesorten. Das permanente Überangebot führte gewissermaßen zu einem Umdenken zu der Frage, ob diese ursprünglich positive Bereicherung überhaupt eine Notwendigkeit darstellt, wenn die negativen Aspekte ebenfalls Berücksichtigung finden.
- Wie werden die Nahrungsmittel produziert? Hinter dieser Frage verbergen sich unter anderem Aspekte wie der Einsatz von Düngemitteln und Chemikalien sowie die ethischen, hygienischen und gesundheitlichen Umstände in der (Massen-)Tierhaltung.
- Von wem werden die Nahrungsmittel produziert? Hierbei werden nicht nur die Arbeitsbedingungen der Angestellten beleuchtet, sondern auch dahinterstehende Konzerne und deren Interessen werden teilweise kritisch betrachtet.
- Unter welchen Bedingungen werden die Nahrungsmittel produziert? Die Konsumentin oder der Konsument zeigen hierbei Interesse daran, wie die Produktion

sich auf die Arbeitskräfte, die bei bestimmten Produkten beteiligten Tiere oder die Umwelt auswirkt. Auch andere Aspekte der Nachhaltigkeit wie entstehende Chemikalien oder die Frage nach der Müllentsorgung können hinterfragt werden.

3.2 Geographischer Bezug des Konsums

Im raumwirtschaftlich orientierten Paradigma der Wirtschaftsgeographie (welches das Ergebnis der zweiten Transition darstellt) wird der Konsum meist als Nachfrage angesehen, die Auskunft darüber gibt, in welchen Regionen (an welchen Konsumorten) welche Produkte in welcher Menge von den Konsumentinnen und Konsumenten gefordert werden. Dies hilft Handelsunternehmen bei ihrer betrieblichen Standortwahl und kann auch zu einer Verlagerung der Konsumgüterproduktion führen (Ermann, 2013, S. 202).

Unter der Betrachtung der relationalen Wirtschaftsgeographie (die durch die zweite Transition entstanden ist) gewinnt die arbeitsteilige Produktions- und Wertschöpfungskette an Bedeutung, die an unterschiedlichen geographischen Orten stattfinden können und durch soziale Interaktion und Kommunikation miteinander laufend in Kontakt stehen. Der Ort des Konsumierenden spielt eine untergeordnete Rolle, denn laut diesem Paradigma „funktionieren" die Konsumentinnen und Konsumenten nach einem gewissen Schema, das sich auch regelmäßig wiederholt und was dazu führt, dass bereits durchlebte Nachfragezyklen und schon gegebene Konsummuster zur Erklärung vorangehender Prozesse herangezogen werden (Ermann, 2013, S. 202).

Unter Berücksichtigung der Einzelhandelsgeographie wird besonders die Wahl der Standorte für Verkaufsstätten aus Sicht des Einzelhandels sowie die Wahl der aufzusuchenden Einkaufsstätten aus Sicht des Konsumierenden thematisiert. Die Einzelhandelsgeographie befasst sich mit der Konsumentin oder mit dem Konsumenten als Figur und versucht herauszufinden, wie sich ihre präferierte Wahl der Einkaufsstätten und Einkaufsorte auf deren Konsumverhalten auswirkt. Dies gibt für die unternehmerische Seite wiederum Ausschluss darüber, wo es Sinn macht, neue Standorte zu suchen und wie diese zu bewerten sind. Als Instrumente für die Standortforschung in der Einzelhandelsgeographie dienen verschiedene Mittel der Marktforschung (Ermann, 2013, S. 204).

In Zusammenhang mit dem Konsum werden anhand dieser Ausführungen drei verschiedene geographische Bezüge deutlich, die grundlegend hinter jedem Produkt, nicht nur hinter Nahrungsmitteln, stecken:

a) Der Ort der Produktion
b) Der Ort des Erwerbs
c) Der Ort des Konsums

Während sich a) die Produktion rein auf unternehmerischer Seite befindet, wird c) der Ort des Konsums selbstständig vom Konsumierenden bestimmt. Der Ort sowie der Akt des Erwerbs an sich sind daher gewissermaßen sowohl an die Seite des Produzierenden als auch an die Seite des Konsumierenden gebunden, da diese den Schnittpunkt der beiden Parteien darstellt. Der Ort des Erwerbs wird in der Marktwirtschaft grundsätzlich auch einfach als der Markt bezeichnet, der auf dem Aufeinandertreffen von Angebot und Nachfrage basiert.

4. Slow Food

Der Begriff Slow Food beschreibt eine immer bekannter werdende Gegenbewegung zu den Prozessen der Globalisierung, die seit Mitte des 20. Jahrhunderts in der westlichen Welt ablaufen. Um die aktuellen Entwicklungen sowie die Grundwerte dieser Bewegung verstehen zu können, ist es grundlegend, die Entstehungsgeschichte und ursprünglichen Motive von Slow Food zu kennen.

4.1 Entstehung der Slow Food-Bewegung

In Zeiten, in denen die Globalisierung sowie der Massenkonsum eine immer stärker tragende Rolle in der westlichen Gesellschaft spielen, sorgen voranschreitende Technologie, die Industrialisierung sowie die globalen Wertschöpfungsketten für stark veränderte Produktionsmuster, als es sie noch vor einigen Jahrzehnten gegeben hat. Die Vorteile der Globalisierung liegen auf der Hand – wir erlangen Zugriff auf eine größere Auswahl von Produkten zu einem oftmals niedrigeren Preis. Besonders in Bezug auf die Nahrungsmittelindustrie ist die Globalisierung direkt erkennbar – Tomaten aus Spanien, Bananen aus Ecuador und Kakao aus Madagaskar stehen in fast jedem Supermarktregal zur Verfügung und obwohl diese Produkte teilweise tausende von Kilometern zurückgelegt haben, sind die Preise dafür nicht hoch.

Nicht lange hat es gedauert, bis sich eine markante Gegenbewegung zu dieser globalen Gleichschaltung entwickelt hat. Slow Food ist der Name der Bewegung, die den Genuss und die Einzigartigkeit der jeweiligen Regionen und deren Nahrungsmittel in den Vordergrund stellen. Angefangen hat diese Idee in den 70er Jahren gab es in der Stadt Bra im italienischen Piemont eine Gruppe kulturell interessierter Menschen, die kritisch gegenüber der damals bereits vorangeschrittenen Industrialisierung und Globalisierung waren. In ihrer Region behielten traditionelle Produktionswege mit Handwerkstätten noch eine große Bedeutung, jedoch entwickelten sich in den nächsten Jahren die Regionen Piemont und die Lombardei zum „Modernisierungsmotor Italiens" (Petrini, 2001, S. 21f).

Aus einer Kleingruppenbewegung wuchs in den folgenden Jahren eine immer größer werdende Gemeinschaft von Menschen heran, die sich bewusst gegen die Modernisierung und die globale Industrialisierung aussprachen (Petrini, 2001, S. 20ff). Inzwischen hat sich aus der ursprünglich italienischen Bewegung ein Gedankengut gebildet, dass von einzelnen Vertretern weltweit in mehr oder weniger großem Ausmaß geteilt wird. Offiziell zählt die Slow Food-Bewegung mittlerweile mehr als 1 Millionen Unterstützer weltweit und hat ein Netzwerk aus mehr als 100.000 für die Mitgliedschaft zahlenden Menschen (Slow Food, 2015).

4.2 Grundwerte der Slow Food-Bewegung

Die offizielle Website der Slow Food-Bewegung definiert drei klare Prinzipien, die sie in Bezug auf Nahrungsmittel vertritt: good, clean und fair. Diese drei Merkmale werden wie folgt beschrieben (Slow Food, 2015):

„**Good**" (deutsch: gut) meint, dass die Nahrungsmittel nicht nur eine hohe Qualität aufweisen sollen, sondern auch geschmacksintensiv und gesund sein sollen. Diese Kriterien sprechen sich gegen Monokulturen aus, bei denen aufgrund der geschädigten Böden häufig nicht genügend Nährstoffe verfügbar sind. Regionaler Anbau ist von Bedeutung, da die Lebensmittel hierbei sehr frisch geerntet und bald verspeist werden können und nicht in unreifem Status lange Transportwege zurücklegen müssen.

„**Clean**" (deutsch: sauber) beschreibt die Herstellungsverfahren dieser Nahrungsmittel. Diese saubere Produktion darf der Umwelt nicht schaden. Ein besonderer Fokus wird auch auf die Vermeidung von gentechnisch veränderten Pflanzen gelegt, da die langfristigen

Auswirkungen dieser neuen Spezies auf unser Ökosystem noch nicht erforschbar sind (Petrini, 2001, S. 122). Zu bedenken ist außerdem die Erhaltung der Artenvielfalt sowohl von pflanzlichen als auch tierischen Spezies. Während sich die Menschen in der Neusteinzeit von mehr als 5000 Pflanzenarten ernähren konnten, werden heute etwa 150 Pflanzenarten verspeist, wobei nur 30 davon von tatsächlicher Bedeutung für die menschliche Ernährung sind (Petrini, 2001, S. 123f).

„**Fair**" (deutsch: gerecht) steht für leistbare Preise auf Seiten der Konsumentinnen und Konsumenten auf der einen Seite sowie für gerechte Arbeitskonditionen und angemessene Lohn für die an der Produktion beteiligten Menschen. Aufgrund der Nachfrage nach billigen Produkten hat sich am Lebensmittelmarkt ein enormer Preiskampf ergeben, der die Bauern dazu zwingt, ihre Produktion kostengünstiger zu gestalten und/oder selbst mit wenig Gewinn auszusteigen.

Andere Quellen wie Petrini (2015) verweisen auf Werte wie Achtsamkeit, Genuss, Regionalität, Tradition und Nachhaltigkeit, die in Bezug auf die Produktion und den Konsum von Nahrungsmitteln angewendet werden sollen. Es wird besonderen Wert auf die Herkunft und die regional bedingten Unterschiede der Lebensmittel und Speisen gelegt und eine möglichst naturnahe und traditionelle Produktions- und Zubereitungsweise wird angestrebt.

4.3 Aktuelle Beispiele und Entwicklungen

Durch die immer stärkere Betonung der geographischen Herkunft eines Lebensmittels in dessen Vermarktung, kann von der Entstehung sogenannter „Ernährungslandschaften" gesprochen werden. Dieser Begriff beschreibt die automatische Assoziation einer bestimmten Region mit einem spezifischen Nahrungsmittel, wobei auch die regionsspezifische Namensgebung der Nahrungsmittel eine große Rolle spielt.

Ein besonders bekanntes und anschauliches Beispiel für dieses Phänomen ist der Emmentaler Käse. Dieser ursprünglich aus dem Emmental in der Schweiz stammende Käse soll eine besonders hohe Qualität aufweisen, weil die sorgfältige Käseherstellung dort inzwischen seit mehreren Jahrhunderten eine Tradition ist. Damit verbindet der Konsument das Vorhandensein von sehr viel Erfahrung auf diesem Gebiet und erwartet somit automatisch eine besonders gute Qualität des gekauften Produktes. Außerdem wird gemeinsam mit dem Emmentaler auch häufig die idyllische Landschaft des Emmentals vermarktet – die Kühe stehen auf der frischen, grünen, von Bergen umgebenen Weide, wo sie die einzigartig frische Luft atmen und das frische Gras fressen – weit weg von der negativ bewerteten Nahrungsmittelindustrie. Im Emmental herrschen für die Weidetiere spezifische Bedingungen, die nicht nur für die hohe Qualität des Emmentalers verantwortlich sind, sondern auch die Einzigartigkeit des geographischen Ortes in das Produkt einfließen lassen. Ein Emmentaler-Käse aus dem Emmental ist somit genau das, was sich die Slow Food Bewegung erwartet. Die regionale Herkunft vermittelt den Konsumentinnen und Konsument eine jahrelange Tradition sowie ein Gefühl von Kultur und Gemeinschaft (Gelinsky, 2005).

Doch auch der Emmentaler Käse wird heutzutage nicht mehr ausschließlich im idyllischen Emmental produziert, sondern auch bei diesem Produkt haben sich Prozesse der Industrialisierung und Globalisierung verfestigt. Zwar findet die Vermarktung des Emmentalers weiterhin gerne mit Bezug auf den geographischen Ort, einer grünen Weide und „glücklichen" Milchkühen statt, jedoch sieht die Realität teilweise anders aus. Durch die Standardisierung und der „gleichmachenden" Produktion geht die Einzigartigkeit und der positive Einfluss der spezifischen Region in das jeweilige Produkt jedoch verloren. Weltweit wird der Käse mit gleichem Verfahren unter gleichen Bedingungen mit gleichem Ergebnis hergestellt – gegen diese globale Gleichschaltung kämpft die Slow Food Bewegung an (Gelinsky, 2005).

4.3.1 Fast Food versus Slow Food

In den letzten Jahrzehnten haben sich Fast-Food-Konzerne wie McDonald's als weltweites Phänomen etabliert. Das Besondere daran ist der Wiedererkennungswert der Filialen, der Produkte sowie deren Geschmäcker. Weltweit scheint beim Betreten einer der Filialen der Ort, an dem man sich befindet, keine Rolle mehr zu spielen: die „Klassiker" unter den Produkten gibt es überall und diese schmecken auch überall gleich. Diese „globale Gleichschaltung" trägt sicherlich zum Erfolg des Konzerns bei, da die Kundinnen und Kunden auch beim Besuch anderer Länder wissen, welche Produkte von McDonald's ihnen schmecken und sie sich darauf verlassen können, bei McDonald's ein für sie gewohnt schmeckendes Mittagsmenü zu bekommen.

Die Slow Food Bewegung sieht Fast Food-Ketten wie McDonald's als großen Rückschritt in der Nahrungsversorgung der Menschen. Kritisiert wird besonders das Servieren der global gleichschmeckenden Gerichte, deren Qualität nicht nachvollziehbar ist, auch wenn Angaben über die Herkunft der Lebensmittel gemacht werden, sind diese weitestgehend ungenau und unbefriedigend (Petrini, 2001, S. 45). Außerdem werden durch die vermehrte Zucht von Friesischen Rindern, die besonders produktiv sind, immer mehr andere Rinderrassen verdrängt, sodass einige von ihnen bereits vom Aussterben bedroht sind (Petrini, 2001, S. 46). Die Haltung der Hühner, die beispielsweise für die bekannten Chicken McNuggets von McDonald's verwendet werden, entspricht keinen Kriterien von artgerechter Tierhaltung. Zwar leben sie nicht in Batterien, jedoch steht ihnen dennoch so wenig Platz zur Verfügung, dass sie sich kaum bewegen können, sondern mittels mit Antibiotika versetztem Futter schnellstmöglich gemästet werden (Petrini, 2001, S. 47f). Auch die Produktion des verwendeten Salates und der Pommes Frites wurde stark industrialisiert und hat nur mehr wenig mit natürlichem Gemüseanbau zu tun (Petrini, 2001, S. 48f). Nicht nur die Lebensmittel und Speisen selbst sehen Anhänger der Slow Food Bewegung sehr skeptisch, sondern das gesamte Konzept der McDonald's Filialen missfallen ihnen. Das billige Einweggeschirr, das hektische Geschehen in der Filiale inklusive der notwendigen Selbstbedienung, die ungemütliche Einrichtung und das grelle Licht regen nur zu schnellstmöglichem Konsum von ungesundem Essen an anstatt die Menschen zum Genuss von hochwertigen Speisen und Gesellschaft einzuladen, wie es die Slow Food Bewegung manifestiert (Petrini, 2001, S. 49). Achtsamkeit, Genuss, Regionalität und Nachhaltigkeit, einige der wichtigsten Grundwerte von Slow Food, spielen bei McDonald's, der stellvertretend für andere Fast Food-Ketten analysiert wurde, keine große Rolle.

4.4 Der geographische Bezug von Nahrungsmitteln

Bei der Produktion und Verpackung von Lebensmitteln muss der Herkunftsort der Ware genau deklariert werden, um den Verbraucher sachgemäß aufzuklären. Die reine Herkunftsverortung kann als Kaufargument seitens der Konsumentin oder des Konsumenten dienen, wen diese eine moralische Orientierung beim Nahrungsmitteleinkauf zeigen. Doch auch der Ort, an dem die Ware tatsächlich gekauft und konsumiert wird ist Teil der geographischen Aspekte des Konsumverhaltens.

4.5 Slow Food in der Marktwirtschaft

Die immer größere Bedeutung des moralischen Konsums und somit der geographischen Bedeutung der Waren, wie sie auch in der Slow Food Bewegung eine tragende Rolle spielt, zeigt ein Interesse der Konsumierenden für dieses Thema. Auch die Konsumkommunikation

– das Marketing dieser entsprechenden Produkte – zielt immer stärker darauf ab, den moralisch motivierten Konsum zu steigern. Auf den ersten Blick lässt sich dies nicht mit der klassischen wissenschaftlichen Theorie des homo oeconomicus vereinbaren, denn viele Slow Food-Produkte sind teuer, daher ineffizienter für den Konsumierenden und sollten laut marktwirtschaftlicher Theorie eigentlich keine ansprechende Wahl für den homo oeconomicus sein. Jedoch wird bei genauerer Beschäftigung mit dem Thema klar, dass der symbolische Wert einer Ware, die aus moralischen Konsumgründen gekauft wird, den Warenwert genauso steigern, wie andere, mehr rationale Komponenten (wie beispielsweise der Wareneinsatzwert und die Kostenkalkulation derjenigen Ware). Die Symbolkraft von Waren kann besonders im Nahrungsmittelsektor sehr stark sein und den Grenznutzen und die Präferenzen, die in der Marktwirtschaft bekanntlich von subjektiven Bedürfnissen bestimmt werden, (Ermann, 2013, S. 200f) verändern.

In der geographischen Handelsforschung wird außerdem betont, dass der Konsumierende eine Unterscheidung zwischen Grundnutzen und Zusatznutzen macht, die zur Befriedigung einerseits von Grundbedürfnissen und andererseits zur Befriedigung zusätzlicher Bedürfnisse benötigt werden. Anhand dieser Einteilung lässt sich „Moral" dem Zusatznutzen zuordnen, der keine Notwendigkeit darstellt und außerdem abseits des „eigentlichen" Nutzens derjenigen Waren liegt. Das Schwierige an der Trennung von Grund- und Zusatznutzen liegt genau wie bei der Trennung von Grundwert und symbolischem Wert darin, dass sie nie eindeutig sein kann und dass der ökonomische Nutzen nie auf nur einer der beiden Ebenen liegen kann. Stattdessen wird der ökonomische Wert und der daraus gezogene persönliche Nutzen stark durch soziale und subjektive Deutungen der materiellen und nicht-materiellen Beschaffenheiten des Produktes bestimmt (Ermann, 2013, S. 204)

Beim Erwerb von regionalen Erzeugnissen spielt daher die rein rationale und wirtschaftseffizient orientierte Sichtweise des Konsumenten nur eine untergeordnete Rolle – moralischer Konsum ist mehr als nur der Vergleich von Kosten und Nutzen eines Produkts. Die symbolischen, psychologischen und soziologischen Werte können somit einen sehr großen Einfluss auf die Konsumentscheidung haben.

4.6 Wirtschaftsethischer Hintergrund des moralischen Konsums

Aufgrund der theoretischen Auseinandersetzungen mit dem marktwirtschaftlichen Modell liegt dem Konsumierenden, dem Nachfrager, die Macht zugrunde, über den Erfolg von moralischen Konsumgütern zu entscheiden, da sich dessen Angebot bekanntlich nach der Nachfrage orientiert. Doch dies lässt nicht die Behauptung zu, dass die Verantwortung für moralischen Konsum an den Verbraucher abgegeben werden kann. Zwar wird dem Konsumierenden Verantwortungsbewusstsein sowie Rationalität zugeschrieben, jedoch müssen die moralischen Hintergründe eines Produkts auf der Produktionsseite auch tatsächlich gegeben werden (Ermann, 2013, S. 211).

Eine äußerst interessante Frage die sich bezüglich des moralischen Konsums und Thematiken wie Slow Food stellen lässt, ist, warum diese nicht automatisch als vorausgesetzt angenommen werden können. Warum werden von den Konsumentinnen und Konsumenten weiterhin Tomaten von einem anderen Kontinent gekauft, während sie wissen, dass die Anbaubedingungen dort für Mensch und Umwelt schädlich sind und die Transportwege lang und ebenfalls ökologisch bedenklich sind, wenn sie ein Regal weiter im Supermarkt regionale Tomaten finden können? Warum gibt es immer noch Menschen, die bei der Wahl zwischen fairtrade-Bananen und nicht-fairtrade-Bananen zu der moralisch eindeutig bedenklicheren Wahl greifen? Warum ist Slow Food und moralischer Konsum in Bezug auf Nahrungsmittel weiterhin eine Ausnahme, die positiv hervorgehoben, bestärkt und fast schon gepredigt werden muss?

Diese Fragen lassen sich mithilfe von wirtschaftsethischem Basiswissen beantworten. Die Ausführungen des sogenannten Gefangenendilemmas, das in der Wirtschaftsethik zentrale Anwendung findet, verdeutlichen, warum es als Konsumentin oder als Konsument oftmals sehr schwierig sein kann, sich für die moralisch richtige Konsumentscheidung motivieren zu können. Da die moralische Produktion mit höheren Preisen verbunden ist, ist auch der moralische Konsum für den Endverbraucher teurer, was für den homo oeconomicus wie bereits ausgeführt wirtschaftlich nicht effizient ist. Das wirtschaftsethische Gefangenendilemma (Locher, 1991, S. 19ff.) beschreibt, dass die moralisch kooperative Entscheidung, beispielsweise der Kauf der teureren fairtrade-Bananen, unattraktiv ist, weil der persönliche Nutzen durch den Preisunterschied dabei geringer ausfällt. Zwar wissen die Konsumentinnen und Konsumenten, dass es besser wäre, die fairtrade-Produktion zu unterstützen, jedoch überwiegt der Gedanke, dass man selbst als einzelner Mensch sowieso keinen Einfluss nehmen kann. Da dieser Gedanke jedoch kollektiv auftritt passiert es laut Locher (1991, S.19ff..), dass sich niemand mehr für den moralisch richtigen Weg entscheidet.

Anzumerken ist jedoch, dass das Modell des Gefangenendilemmas zwar eine Erklärung dafür liefert, warum nicht jeder die moralisch höherwertigen Konsumentscheidungen trifft und warum nicht jeder Mensch Anhänger der Slow Food Bewegung wird. Allerdings erklärt das Konzept nicht, warum diese Denkmuster in den letzten Jahren dennoch immer stärkeren Zuspruch finden und warum moralischer Konsum in Realität tatsächlich von vielen Menschen ausgeführt wird.

Zum Umgang mit dem Gefangenendilemma erklärt Locher (1991, S.60ff.) noch, dass es entweder motivationsorientierte oder regelorientierte Lösungsansätze gibt, die zur Überwindung dieser Problemstellung führen sollen. In Bezug auf die Slow Food Thematik bedeutet dies, dass durch die Lösungsansätze mehr Menschen zu moralischem Konsum bewegt werden sollen. Motivationsorientierte Lösungen verfolgen das Ziel, eine emotionale Bereitschaft aufzubauen, die die Konsumentin oder den Konsumenten dazu bringt, moralische Entscheidungen zu treffen. Regelorientierte Lösungen hingegen arbeiten daran, mithilfe von Gesetzen, denen die Produktion unterliegt, das Angebot von unmoralischen Konsumgütern einzudämmen, sodass der Konsumierende gar nicht mehr vor der dilemmahaften Wahl zu stehen hat. Die Slow Food Bewegung ist grundsätzlich als Teil der motivationsorientierten Lösungsansätze zu verstehen, da sie durch einen emotionalen Zugang versucht, Konsumentinnen und Konsumenten ebenfalls von der leidenschaftlichen Sichtweise überzeugen zu können.

4.7 Die Herkunft der Lebensmittel im Marketing

Auch im Lebensmittelmarketing wird in den letzten Jahren ein immer stärkerer Fokus auf die Regionalität der Lebensmittel gesetzt und häufig wird auch durch Bilder auf den Verpackungen ein traditionelles Produktionsverfahren oder eine sehr naturnahe Tierhaltung suggeriert. Diese Motive sollen ein Gefühl von guter Qualität und sorgfältiger, nachhaltiger Produktion verschaffen und die Kundin oder den Kunden zum Kauf des Produktes anregen.

Nicht selten werden diese Bilder für Marketing für Produkte missbraucht, deren Produktion nur wenig mit den Darstellungen zu tun haben. Die Landwirtschaft mit großflächigen grünen Weiden in der idyllischen Berglandschaft, die auf manchen Milchkartons abgedruckt wird, wäre nie effizient genug, um den Massenkonsum unserer Gesellschaft zu decken. Der Verbraucherdachverband bewertet den Einsatz von unwahrheitsgemäßen Bildern wie diesen als klaren Fall der Verbrauchertäuschung (Verein für Konsumenteninformation, 2004).

Auch die Landwirtschaftskammer Österreich hat einige Fälle der Verbrauchertäuschung bezüglich der geographischen Herkunft aufgedeckt. In diesen wird wiederum mittels Bilder der Eindruck einer bestimmten Herkunftsregion erweckt, die tatsächlich nicht mit der Produktion zu tun hat. Bei anderen betroffenen Produkten werden Produkte auf ihrer Vorderseite als „österreichische Erzeugnisse" angepriesen, während nur auf der Rückseite im kleingedruckten Text die wahre – nicht-österreichische – Herkunft ersichtlich ist (Landwirtschaftschaftskammer Österreich, 2018).

Auch die Betonung der Erzeugungsorte findet man besonders bei Milchprodukten immer häufiger, wobei durch die Erwähnung dieser Regionen ein Kaufargument darstellen soll. Dabei ist anzumerken, dass der Erzeugungsort primär nicht für höhere oder mindere Qualität stehen kann. Nur durch die Erwähnung der Region können noch keine Aussagen über die Produktionsweise treffen kann, sondern lediglich über den Erzeugungsort. Dennoch verbinden die Verbraucherinnen und Verbraucher mit der Angabe einer bestimmten geographischen oder regionalen Herkunft eines Produktes oft gewisse Qualitätserwartungen. Zudem gilt der ökologische Aspekt bei der Reduktion der Transportwege als immer wichtiger und auch als Unterstützung der heimischen Wirtschaft werden gerne regionale Produkte gekauft. Österreichische Konsumentinnen und Konsumenten bevorzugen in vielen Lebensmittelkategorien österreichische Erzeugnisse (Landwirtschaftschaftskammer Österreich, 2018).

5. Fazit

Mehrere Umbrüche in der Ansichtsweise der Geographie und der damit in Verbindung stehenden wirtschaftlichen und gesellschaftlichen Prozesse, haben große Veränderungen in der Wissenschaft gebracht. Nachdem einst die reine Länderkunde/Geofaktorenlehre dominierte, entstand durch die erste Transition daraus die Raumwissenschaft, die auch wirtschaftliche Faktoren beachtete. Die zweite Transition führte soziale Faktoren ein und erschuf die momentan vorherrschende relationale Wirtschaftsgeographie, die handlungszentriert und akteursbezogen auf die im Raum stattfindenden wirtschaftlichen Prozesse blickt, und die eine Analyse der Konsumgeographie und der Slow Food Bewegung erst ermöglichte. Die relationale Wirtschaftsgeographie vereint Land, Wirtschaft und Mensch – was sich am Beispiel von Slow Food beobachten lässt.

Slow Food verleiht dem geographischen Ort der Produktion, des Erwerbs und des Konsums von Nahrungsmitteln eine wachsende Bedeutung, was die Land-Komponente der relationalen Wirtschaftsgeographie ausmacht. Diese hat durchaus ihre Wurzeln in der reinen Länderkunde, da die Geofaktoren zum Teil über die landwirtschaftliche Nutzung bestimmen. Das raumwissenschaftliche Paradigma, das auch die wirtschaftlichen Faktoren berücksichtigt, macht jedoch deutlich, dass das Land durch Wirtschaft bewusst beeinflusst werden kann. Doch dieses Paradigma reicht noch nicht aus, um Slow Food zu erklären, denn Slow Food ist ein eindeutig akteursbezogenes Phänomen, das von gesellschaftlichen Handlungen lebt. Die bewusste Konsumentscheidung der Menschen ermöglicht das Ent- und Bestehen eines Trends wie diesem. Weil die Anhänger der Slow Food Bewegung neben Werten wie Achtsamkeit, Genuss und Nachhaltigkeit auch besonders die Regionalität der Lebensmittel bewusst als sehr wichtig bewerten, werden die wirtschaftlichen Güter, die aus einem bestimmten Raum kommen, mit einer erhöhten gesellschaftlichen Bedeutung versehen, die schließlich über den Konsum entscheidet. Somit ist die Slow Food-Bewegung, als Unterkategorie der Konsumgeographie, ein sehr anschauliches Beispiel dafür, dass die relationale Wirtschaftsgeographie die moderne und bisher umfassendste Betrachtung des Raumes in all seinen Facetten darstellt.

Literaturverzeichnis

Bathelt, H., & Glückler, J. (01 2002). Wirtschaftsgeographie in relationaler Perspektive: Das Argument der zweiten Transition. *Geographische Fachzeitschrift, 90*(1), S. 20-39.

Ermann, U. (2013). Geographien der Vermarktung und des Konsums. In H. Schmid, & K. Gäbler, *Perspektiven sozialwissenschaftlicher Konsumforschung* (S. 173-194). Stuttgart: Franz Steiner Verlag.

Gelinsky, E. (2005). Landschaft essen - oder: wie das Emmental in den Emmentaler Käse kommt. In M. Flitner, & J. Lossau, *Themenorte* (S. 125-144). Münster: LIT Verlag.

Haas, H.-D. (o.J.). *Wirtschaftsgeographie*. Von Gabler Wirtschaftslexikon: https://wirtschaftslexikon.gabler.de/definition/wirtschaftsgeografie-51025 abgerufen

Landwirtschaftschaftskammer Österreich. (03. 10 2018). *Irreführung über die Herkunft von Lebensmitteln*. Abgerufen am 26. 04 2019 von lkonline: https://www.lko.at/irref%C3%BChrung-%C3%BCber-die-herkunft-von-lebensmitteln+2500+2793580

Locher, K. (02 1991). Auswege aus Gefangenen-Dilemma-Situationen. *WiSt*, S. 60-64.

Locher, K. (01 19911). Struktur und Erscheinungsformen des Gefangenendilemmas. *WiSt*, S. 19-24.

Petrini, C. (2001). *Slow Food. Genießen mit Verstand.* Zürich: Rotpunktverlag.

Slow Food. (2015). *Our Network*. Abgerufen am 24. 04 2019 von Slow Food: https://www.slowfood.com/our-network/

Slow Food. (2015). *Our philosophy*. Abgerufen am 24. 04 2019 von Slow Food: https://www.slowfood.com/about-us/our-philosophy/

Verein für Konsumenteninformation. (07 2004). Werbung für Lebensmittel. *Konsument*. Abgerufen am 24. 04 2019 von https://www.konsument.at/markt-dienstleistung/werbung-fuer-lebensmittel?pn=2